簡單&有趣 の食物造型120

完成度 100%！
讓食物看起來更好吃！

簡單＆有趣の食物造型120

目錄

廚房剪刀＆削皮器の應用技巧！　5

part 1　日常の裝飾刀工

`part 3` **享受更多裝飾刀工の創意訣竅**

廚房剪刀 &
削皮器 の
應用技巧！

廚房剪刀 & 削皮器，一般皆常備於廚房中，

但許多人僅將其作用於剪開袋子、剪碎海苔，

刨下胡蘿蔔或白蘿蔔外皮⋯⋯這些極為有限的用法。

本書將陸續為你介紹，以廚房剪刀 & 削皮器，

將蔬菜、水果、加工食品加以造型的裝飾刀工。

也請你持續挑戰其他食材，構思新的剪法，

繼續靈活地運用廚房剪刀 & 削皮器，

作為能夠豐富用餐氣氛的簡便工具使用吧！

廚房剪刀 & 削皮器，就是這麼方便！

精細の作業
也可以簡單又安全！

　　儘管心中對裝飾刀工躍躍欲試，但要以菜刀進行細雕、薄削等作業時，就成了一件因不熟悉而恐懼，無法隨心所欲的難題。但若是換成日常用慣的剪刀，複雜的動作也會變得簡單，就連孩子們也將油然生出「好想試看看喔！」的熱情。

裁剪成喜歡の形狀

　　想切出鋸齒或曲線狀的切口時，雖然以菜刀的刀尖來回切割也能完成，但若使用剪刀，就能輕鬆剪成喜歡的形狀。

薄片的部分
就讓削皮器效勞吧！

　　若只以削皮器刨胡蘿蔔或馬鈴薯的外皮，那真是太可惜了！小黃瓜或白蘿蔔等長形的蔬菜，只要輕輕一拉，就能輕鬆刨出長 & 勻的薄片。

以菜刀進行大型切割！

　　廚房剪刀雖然是一種方便的器具，但要以它來剪硬物，或一口氣筆直地剪開比刀刃還長的東西時，使用起來並不是很順手。將剪刀作用於基本的分切，效果較佳。請依據刀工類型，妥善地分別使用吧！

基本用法＆要領

裁剪時，就算使用同一把剪刀，隨著不同的裁剪形狀，運刀的部位＆下刀角度亦將有所改變。

以下就把如何巧妙運用的竅門告訴你囉！

＊劃開表層・小幅剪開＊

➡運用刀尖作業

如果要像葡萄花（P.45）般只剪下外皮，或要剪出香腸麋鹿（P.52）的鹿角般的小切口時，只要以剪刀的刀尖進行作業即可。只需剪取表皮時，請以刀尖輕輕劃開，以免下刀過深傷及果肉。爪子般的切口，則以刀尖取必要的長度，一口氣剪開吧！

＊張大剪刀剪下＊

➡使用剪刀整體

要剪開彩椒杯子（P.53）般的圓形物體時，首先，把剪刀插入其中打洞，再從該處往前裁剪。因刀尖一橫倒，剪口就會變歪，所以要先直豎剪刀，再張大剪刀根部，往前剪開。

＊在表層剪出剪口＊

➡橫倒刀尖

要薄薄地斜剪出如企鵝先生（P.28）的翅膀＆星星香菇（P.41）的星星等剪口時，請橫倒刀尖進行裁剪，刀刃勿插入過深。

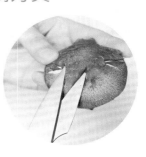

＊緊緊按住食材＊

➡使用削皮器

要以削皮器刨出漂亮的薄片時，先把食材放在砧板上，以手緊緊按住之後，再以相同力道從左到右（由後向前）一口氣拉開吧！若動作在中途有所停頓，便會在停頓處出現段差。要刨出如龍形櫻桃蘿蔔（P.33）＆松樹（P.49）般的剪口時，則請在稍微施力之後，再斜斜地往下刨。

本書所使用の器具

本書介紹的裝飾刀工，基本上以廚房剪刀＆削皮器就能完成。
但輔以下列器具，會讓作業更加流暢喔！

廚房剪刀

以一般廚房剪刀進行裝飾刀工，是完全沒有問題的。剪刀的刀身不要過重、刀尖盡量選尖一些的，在精細作業時會比較方便。

修眉剪刀

裁剪小型的剪口時，修眉剪等小剪刀使用起來比較方便。近來在均一價商店等處，也有販售裝飾便當用的「裝飾剪刀」等品項。就當作是蒐集新的廚房用品，一併備齊也ok喔！

削皮器

一般的「削皮器」即可，不需拘泥其形狀。只要使用鋒利的器具，作業起來就毫不費力；因此，貴而鈍的削皮器，反不如便宜卻鋒利者，請使用嶄新的刀刃進行作業吧！

吸管

準備粗細不一的吸管，剪短之後作為壓模使用。因吸管用過即丟，一次備妥各種大小的吸管，作業起來相當方便。

牙籤

以牙籤稍微點出眼睛的位置，再按入芝麻，瞳孔的位置就不會偏移。
要以番茄醬點成鷦鴣蛋兔子（P.9）的眼睛、毛毛蟲先生（P.28）的腮紅模樣時，請利用牙籤的鈍邊，以蓋章的方式使用（參見P.67)。

義大利麵

以沙拉用的義大利細麵來連結部件，或用來固定捲起的部分相當方便。可放入烤箱大約烘烤1至2分鐘，或以平底鍋乾炒之後，就能直接食用。若是要作成便當，因義大利麵會飽吸材料水分，因此直接用生的也ok！

※若想作完後立即享受，請務必使用處理過的義大利麵。

每日の便當

看著經過裝飾刀工處理的便當，
心情就雀躍了起來，食物似乎也更好吃了！

維也納香腸金魚

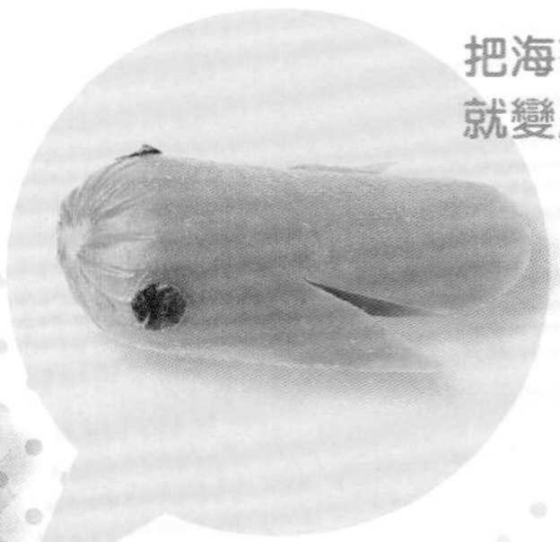

把海苔換成芝麻，
就變成了凸眼金魚！

在便當海中悠遊的
金魚先生，搖曳生
姿的尾鰭是最大的
亮點。

小番茄花

只要稍加剝皮，
不起眼的小番茄
立即華麗變身！

鵪鶉蛋兔子

豎起耳朵,
圓潤&光滑的模樣
超有人氣唷!

稻荷壽司動物家族

小豬

兔子

猴子

喀擦剪掉稻荷壽司的
外皮,化身為各式各
樣的動物。

草莓鬱金香

將孩子們最愛的草
莓切開造型後,更
討人喜歡了!

便當適用の
可愛裝飾刀工

❀ 維也納香腸花

剪口不一樣,
花朵也不同。

❀ 蘋果鬱金香

刨去紅通通的果皮,
作出別具格調的造型蘋果。

花瓣

心形

切法 P.14至P.15   9

每日の
便當

即使是男孩，也超喜歡又酷
又炫的裝飾刀工。

竹輪獅子

變換中央的配料，想一想
要作成「太陽公公」還是
「太陽花」呢！

雞冠蘋果

以剪出剪口的竹輪，
環繞成圓圈狀，化身
為獅子的鬃毛！

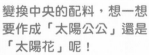

裁剪小型的剪口，可是剪刀
的看家本領喔！不同於一般
的兔子蘋果，看起來是不是
更帥氣呢？

刺蝟飯糰

以剪刀裁剪出毛流直豎、可愛又美味的刺蝟。

薄燒蛋皮の蒲公英

花瓣的顏色充滿元氣，為便當妝點出華麗的氣氛。

迷彩夏南瓜

切法
P.39

便當適用の可愛裝飾刀工

❀ 香腸的の「纏」
（日本江戶時期代表性的消防器物）

待消防員插上「纏」，一起加入救援吧！

❀ 維也納香腸章魚

為經典的章魚先生造型嘴巴，作出幽默的表情。

❀ 櫻桃蘿蔔蘑菇

以紅傘蓋＆白圓點的蘑菇，來提升戰力！

Plus+1 idea

鵪鶉蛋鳳梨

以運鵪鶉蛋＆巴西里，作成小型的鳳梨！

幫鵪鶉蛋上色！

鵪鶉蛋上色之後，更能表現出多樣性的外形＆風味。黃色是以麵露溶解咖哩粉所染成的，粉紅色是以梅醋，褐色則是以麵露兌水，把鵪鶉蛋浸入其中約30分鐘，就大功告成了！

切法 P.16至P.17

動物 & 花 裝飾刀工

方便作成便當的動物＆花的裝飾刀工，這裡有好多呢！就算只放了一組，也能讓餐盒瞬間變得華麗。

蟬

巧妙作出翅膀的氛圍，乃是一大亮點。

以乳酪作成的眼球，格外寫實。

動物の裝飾刀工

蜻蜓

火腿的翅膀，穿入水果叉的軀幹，立刻就要振翅欲飛囉！

魷魚の魷魚

以魷魚作成的「魷魚」，肯定很受歡迎！

緞帶

換上粉紅色的叉子，就變成了「緞帶」。插在各種食物上，添加裝飾吧！

魚板蝴蝶

善用魚板的顏色，讓春色斑斕的蝴蝶兒翩翩起舞吧！

● 花の裝飾刀工

火腿花圍
利用火腿，開出繁花朵朵吧！

層層捲繞的花瓣煞是可愛。
康乃馨

熱鬧盛開的花朵。
蒲公英

優雅捲繞的花瓣，
相當美麗。
玫瑰

薄燒蛋皮の菊花

切法
P.16・花式進階

鵪鶉蛋鬱金香

圓膨膨的可愛鬱金香，
花瓣也剪得圓圓的哩！

維也納香腸葉片

將鋸齒狀葉片＆花
朵成套擺放，就更
加氣派了！

櫻桃蘿蔔花

好一朵漂亮＆紅白對比的花
兒！配上櫻桃蘿蔔的葉子，更
顯得嬌豔欲滴。

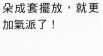 **切法** P.18至P.19　13

維也納香腸金魚

使用器具　剪刀　｜　燙煮

❶ 香腸對半斜切。

❷ 左右對稱剪出剪口，作成鰭的部分。

❸ 在中間剪出小剪口作成尾鰭，燙煮30至40秒。

★煮好之後，裝上黑芝麻或海苔作成眼睛，模樣相當討喜喔！

小番茄花

使用器具　剪刀

❶ 取下蒂頭。

❷ 在番茄的表層，大約從蒂頭到果實中間處剪開剪口。

❸ 輕輕攤開表皮＆留意不要撕破。間隔著撕下也OK！

＊刀刃勿插入過深，小幅往前移動。

鵪鶉蛋兔子

使用器具　剪刀

❶ 鵪鶉蛋煮好後，在上方剪出兩處V字形的剪口。

❷ 以竹籤撐起剪口，作成耳朵；再蘸上番茄醬，作成眼睛。

＊稍微橫倒剪刀，以刀尖進行裁剪。

＊蘸番茄醬的方法，參見P.67。

★欲放置於平坦處時，薄薄地切下一層底部，擺放起來就很平穩。

草莓鬱金香

使用器具　剪刀

❶ 草莓縱向切成兩半。

❷ 在草莓的尖端，剪出兩處V字形的剪口。

為何無法切得好看？

雖然每一種廚房剪刀，都能用來裁剪維也納香腸、草莓、竹輪等食材，但因廠牌與熟練度各有不同，偶有切割面崩塌的狀況發生。遇到這種情況時，先以菜刀進行對切等的大型切割較為妥當，之後再以剪刀裁剪細部即可。

稻荷壽司動物家族

※猴子的剪法參見P.35。

※猴子的剪法參見P.35。

使用器具

剪刀　義大利麵　吸管

① 將稻荷壽司的豆皮，修剪成動物的臉型。

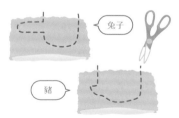

兔子

豬

② 把壽司飯捏成圓筒狀，裝入①的豆皮當中。

③ 形狀整理妥當後，擺放臉部表情。

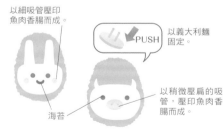

以細吸管壓印魚肉香腸而成。

PUSH

以義大利麵固定。

海苔

以稍微壓扁的吸管，壓印魚肉香腸而成。

維也納香腸花

使用器具

剪刀　燙煮

① 將香腸剪成兩半。

② 在非裁剪端的上面剪出四處剪口，燙煮30至40秒。

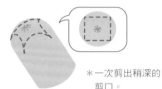

＊一次剪出稍深的剪口。

★在②的中間剪出四角形剪口，形成截然不同的氛圍。

蘋果鬱金香

使用器具

剪刀

① 將蘋果切成6至8等分，裁去頭尾兩端，再把2/3的果皮，薄薄地削下來。

2/3

② 將削下的果皮，修剪成鬱金香的形狀。

花式進階　心形・花瓣

① 共用

將蘋果切成6至8等分，裁去頭尾兩端，再把2/3的果皮，薄薄地削下來。

1/3　1/3

② 心形

將果皮一端剪成V字形，另一端則剪成圓圓的山形。

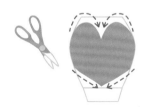

② 花瓣

將V字形的部分剪尖，山形的部分剪出銳角。

 **竹輪獅子**

使用器具　剪刀　義大利麵

① 縱切成兩半。

② 每隔5mm剪出一個剪口，其長度比一半略長。

③ 將兩端對合接連之後，以義大利麵別住固定，在中央處放上小番茄。

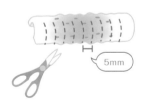
5mm

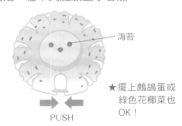
海苔

★擺上鵪鶉蛋或綠色花椰菜也OK！

PUSH

雞冠蘋果

使用器具　剪刀

① 將蘋果切成6至8等分，切掉一端約1/3，再薄薄地削下另一端約1/3的果皮。

② 將削下的果皮，修剪成鋸齒狀。

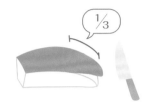
1/3

★改變鋸齒的角度或齒數，又是另一番風情。

刺蝟飯糰

使用器具　剪刀　義大利麵

① 製作水滴形的飯糰。

② 尖的一端約預留2cm，其餘部分在外層裹上海苔後加以捏合。

③ 在海苔的表層，剪出V字形的剪口。

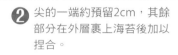

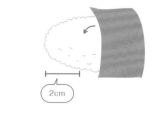
2cm

海苔

＊讓剪刀的刀刃稍微橫倒，以刀尖進行裁剪。

以義大利麵將碗豆插入固定。

番茄醬

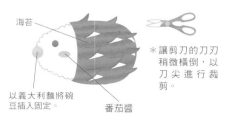

薄燒蛋皮の蒲公英

使用器具　剪刀　義大利麵

① 將薄燒蛋皮剪至約3cm×10cm，取兩片重疊後，在側邊上每隔5mm剪一道剪口。

② 從側邊層層捲起＆以義大利麵別住收口。

花式進階

薄燒蛋皮の菊花

將薄燒蛋皮裁至約5cm×12cm後對摺，在對摺處每隔5mm斜切一道剪口，再從側邊開始捲起＆以義大利麵別住收口。

10cm
3cm
5mm

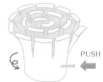
PUSH

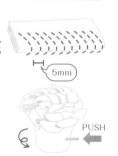
5mm
PUSH

香腸の「纏」

❶ 自魚肉香腸一端剪下厚約1cm 的圓片，在圓片的側邊剪出剪口。

❷ 其餘部分以削皮器刨成薄片後，將左右摺往中心處。

❸ 在②的對摺處，剪出均等的剪口，從中對摺之後，塞入①的剪口中。

1cm

PUSH

維也納香腸章魚

❶ 香腸斜剪成兩半。

❷ 等距剪出3道剪口。

❸ 插入吸管，作出嘴巴的形狀，燙煮30至40秒。

★煮好之後以黑芝麻作成眼睛，看起來就會相當討喜唷！

櫻桃蘿蔔蘑菇

❶ 讓葉片朝下，在自下方算起約1/3處，以剪刀在表層劃開一圈。

❷ 以手剝落下緣的外皮。

❸ 將吸管放在紅色的部分左右轉動，進行印模。

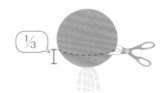

1/3

＊在表層劃出切痕！

鳳梨鵪鶉蛋

❶ 將煮熟的鵪鶉蛋表層剪出淺淺的、格子狀的剪口。。

❷ 頂端插上巴西里。

＊下刀時請留意不要剪到蛋黃。

要剪成交叉的紋路時，以細剪的方式也OK！

＊張開剪刀的刀刃，沿著蛋面小心地一刀劃開。

切法 作品欣賞 P.12至P.13

 **蜻蜓（緞帶）**

| | | 使用器具 | 剪刀  水果叉 |

❶ 火腿片稍微對摺後，剪下外圍約1cm處，再依圖示進行裁剪。

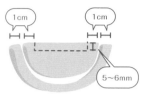

❷ 攤開火腿片，將上下兩端摺起，遮住剪空處。

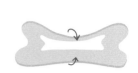

❸ 把②剪下的火腿片捲在①上，以水果叉固定。

★若不剪下①的外圍，作品完成後會膨脹得更大，更像絲帶。

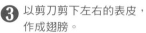 **蟬**

使用器具 剪刀 削皮器 吸管

❶ 將小黃瓜切段至約3cm長後，直切成兩半，再以削皮器在1/3處刨一個小小的切口。

❷ 以削皮器，將下方刨成翅膀的形狀。

❸ 以剪刀剪下左右的表皮，作成翅膀。

＊可以吸管印成眼睛。或在海苔圓片下，擺上以吸管壓印的乳酪圓片，作成眼睛。

 **魷魚の魷魚**

使用器具 剪刀 加熱

❶ 將魷魚攤開，剪成魷魚的形狀。

＊依個人喜好裁切尺寸即可。

❷ 剪出細密的剪口，作出腳的部分。

＊加熱後，腳的部分就會打開。

魚板蝴蝶

使用器具 剪刀

❶ 將魚板切成約5mm厚，約在圓弧邊的中間處剪出V字形剪口。

❷ 將①剪下的部分裁成V字形，裝飾於觸鬚處。

 **火腿花圈**

使用
器具 剪刀 義大利麵

●康乃馨

❶ 將火腿片稍微對摺，在對摺處
每隔4mm至5mm處，剪一道
剪口。

❷ 從側邊包捲起來＆以義大利麵
別住收口。

← PUSH

●蒲公英

❶ 將火腿片剪成3等分後重疊，
每隔5mm剪一道剪口。

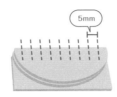

❷ 從側邊包捲起來＆以義大利麵
別住收口。

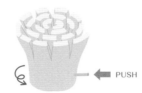

← PUSH

●玫瑰

❶ 將火腿片剪下1/3後，把另外
2/3對摺。

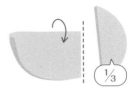

❷ 使對摺邊朝上＆捲起，再以另
1/3包捲起來，以義大利麵固
定。

← PUSH

 維也納香腸葉片

使用
器具 剪刀 ｜ 燙煮

❶ 香腸斜切成
兩半。

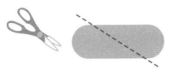

❷ 從裁切面兩端分別斜
剪出剪口之後，燙煮
30至40秒。

 **鵪鶉蛋鬱金香**

使用
器具 剪刀

❶ 在水煮鵪鶉蛋煮的頂端，
剪出4至5處的V字形剪
口。

＊讓剪刀的刀刃稍微
橫倒，以刀尖進行
裁剪。

❷ 小心地取下裁剪的部分，
將V字形的尖端修圓。

★若想使成品保持
穩定，可淺淺的
切平底部。

 **櫻桃蘿蔔花**

使用
器具 剪刀

❶ 分別在側邊四
個位置，剪出
V字形剪口。

❷ 在①的中間，剪出三角形的
V字形剪口。

早餐

若以裝飾刀工作出擺盤，
一早開始就能元氣滿滿！

大朵の花

將維也納香腸剪出剪口後捲起來，大朵的花就這樣盛開了！

一變化剪口的方式，花瓣的形態就會隨之改變！

小黃瓜葉片

切法
P.35

將鋸齒狀的葉片與花朵組合在一起更加分！

蘋果三明治

以廚房剪刀作業，不需壓模就能輕鬆地把三明治作成喜歡的形狀。

擺上蛋沙拉。
小雞三明治

乳酪作成的耳朵，是一大亮點！
白熊三明治

小番茄鬱金香

圓鼓著的盛開花瓣，是以剪刀才能作得這麼可愛喔！

心形草莓

赤紅的愛心，是以紅通通的草莓作成的。一顆草莓可以作出兩個心形。

早餐適用の可愛裝飾切工

❀ 火腿蕾絲

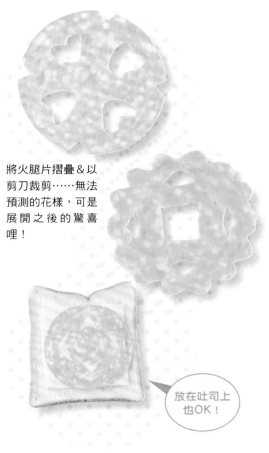

將火腿片摺疊＆以剪刀裁剪……無法預測的花樣，可是展開之後的驚喜哩！

放在吐司上也OK！

❀ 葡萄柚花

以剪刀裁剪就不會傷及果肉，剪口整齊也是一大樂事！

切 法 作品欣賞 P.20至P.21

大朵の花

| 使用器具 | 剪刀 | 義大利麵 | 燙煮 |

❶ 在切成兩半的維也納香腸上，剪出格子狀的剪口。

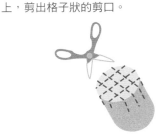

❷ 取出另一條香腸，切去兩端之後，橫切成兩半，每隔5mm剪一道剪口。

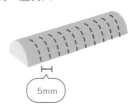

5mm

❸ 燙煮約30至40秒，待涼之後，以②環繞①，再以義大利麵固定。

PUSH

花式進階Ⓐ

將②每隔7mm至8mm剪一道剪口後，在剪口之間的對側邊上再剪出剪口。

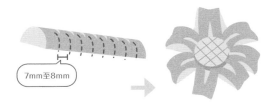

7mm至8mm

花式進階Ⓑ

步驟②時不需對切，先每隔7mm至8mm，剪一道稍深的剪口，再讓香腸90°旋轉，在各剪口之間剪出另一道稍深的剪口。

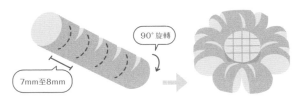

7mm至8mm

90°旋轉

小番茄鬱金香

| 使用器具 | 剪刀 |

❶ 取下蒂頭之後將蒂頭端朝上，剪出5至6處稍深的V字形剪口。

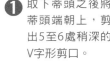

❷ 以手指稍微撐開，將中央處修整成圓形。

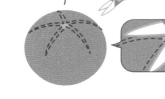

心形草莓

| 使用器具 | 剪刀 |

❶ 縱向剪成兩半。

❷ 剪出稍深的V字形剪口，連同蒂頭一併剪下。

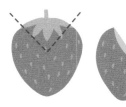

蘋果三明治

1 取兩片三明治麵包，重疊後剪成心形。

2 夾入喜歡的內餡，放入烤麵包機烤至焦黃。

3 飾以葉片狀水果叉。

PUSH

★把紙膠帶黏在牙籤上，再剪成葉片狀也OK！

花式進階

小雞三明治

把麵包剪成小雞的形狀，擺上蛋沙拉。

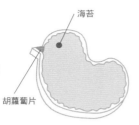

海苔

胡蘿蔔片

花式進階

白熊三明治

將麵包剪去稜角修圓後，以海苔作出臉部表情，再把糖果狀的乳酪擺放在耳朵的位置。

乳酪

海苔

火腿蕾絲

使用器具 剪刀

1 將火腿片對摺再對摺。

★啤酒香腸比較不易破，適合製作這款作品。

2 在對摺邊上剪一半的心形，圓弧邊則剪一個V字形。

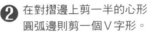

3 輕輕攤開，小心不要撕破。

花式進階

試著剪出各種花樣吧！

葡萄柚花

使用器具 剪刀

1 葡萄柚切兩半，將剪刀插入果皮與果肉間的白色部分之後環繞一圈，分開果皮與果肉。插入的深度約為2cm。

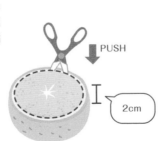

PUSH

2cm

2 沿著果皮，剪出一圈鋸齒狀的剪口。

23

午後茶點

> 歡樂的午後茶點，就以裝飾刀工布置得更令人開心吧！

草莓花

以剪刀就能輕鬆完成的初入門裝飾刀工。

只要擠上鮮奶油，就是一道出色的甜點！

點點櫻桃

以吸管壓印點點圖案的可愛櫻桃。

午後茶點適用の可愛裝飾刀工

✿ 條紋櫻桃

以剪刀刀刃輕輕地
劃一圈，間隔剝下
外皮，可愛的條紋
就完成了！

✿ 葡萄企鵝

翅膀微張的
可愛企鵝。

✿ 奇異果鈕釦

把素材換成香蕉、草
莓等，一起來作各種
不同顏尺寸的鈕釦
吧！

✿ 檸檬花

僅是在圓片外緣剪
出剪口，檸檬的質
感瞬間提高！

檸檬環圈

剪開果皮&果肉時
保留部分不剪，就
能掛在玻璃杯緣，
是不是很方便呢！

繫結の檸檬

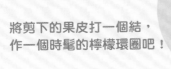

將剪下的果皮打一個結，
作一個時髦的檸檬環圈吧！

奇異果花

以剪刀作業時果肉不易塌
陷，輕鬆就能作成一朵漂
亮的花兒。

切 法 作品欣賞 P.24至P.25

草莓花

使用器具 剪刀

❶ 四等分剪開,直至底部。

❷ 以手指小心撐開。

＊與其十字裁剪,倒不如分次剪出4條剪口,完成的作品會更好看。

★中間擠入奶油。

圓點櫻桃

使用器具 吸管

❶ 稍微插入吸管,左右旋轉剝下外皮。

❷ 以①的作法反覆操作,作出點點圖案。

葡萄企鵝

使用器具 剪刀

❶ 將蒂頭與果實交接處朝下,圓弧狀剝下表皮。

❷ 將剪刀橫倒,在①左右兩側剪出小小的V字形剪口&稍微撐開。

＊以剪刀剪開表皮。

★切平下緣,可保持穩定。

奇異果鈕釦

使用器具 吸管

❶ 在奇異果片大約中間的位置,擇4處以吸管印模。

★若食材體積較小,作成兩孔鈕釦也無妨。且不限於香蕉或草莓等水果,以胡蘿蔔或小黃瓜等蔬菜製作也OK!

條紋櫻桃

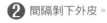

❶ 以刀刃環繞一圈劃出切口，
使櫻桃略分成5等分。

❷ 間隔剝下外皮。

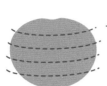

＊刀刃勿插入過深，
小幅往前移動。

檸檬花

使用器具　剪刀

❶ 將檸檬切成圓片，
在果皮上剪出5至6處V字形剪口。

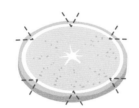

檸檬環圈

使用器具　剪刀

❶ 把剪刀插入檸檬
片的白色部分。

❷ 剪開果肉＆果皮，大約保
留約1cm不剪。

花式進階

繫結の檸檬

以剪刀分離外皮，
保留約1cm不剪
之後打結。

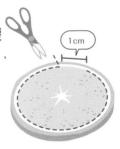

1cm

1cm

奇異果花

使用器具　剪刀

❶ 將奇異果切成圓片，在外緣上
剪出5至6處略深的V字形剪
口。

❷ 剪下外皮，
將銳角修圓。

維也納香腸 & 水果の裝飾刀工

本單元蒐集了在早餐、點心、便當等，
使用率很高的維也納香腸 & 水果的
裝飾刀工。

企鵝先生

以略扁的吸管印上鳥嘴，造型
出一隻碎步快走的企鵝。

毛毛蟲先生

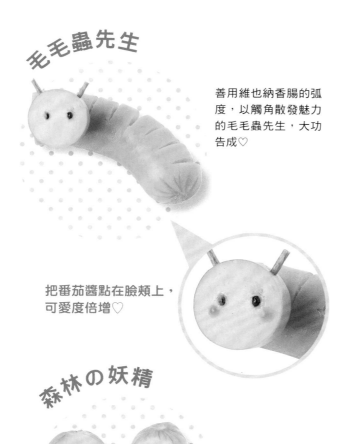

善用維也納香腸的弧
度，以觸角散發魅力
的毛毛蟲先生，大功
告成♡

把番茄醬點在臉頰上，
可愛度倍增♡

小花

以剪刀快速
剪成の六瓣小花。

森林の妖精

戴著頭巾的妖精，
散發著神祕的氣息。

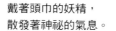

在中心處擺放玉米粒或青豆，
也挺可愛的吧！

櫻桃皇冠

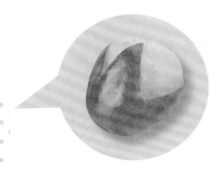

四峰的皇冠。
剪口數也可自行決定。

剪出鋸齒狀的剪口,熠熠生輝的皇冠就完成了!

香腸蕾絲

草莓太陽公公

以剪刀&吸管,把魚肉香腸薄片作成漂亮的蕾絲吧!

將剪下的草莓尖端,擺在鬆軟的草莓當中,看起來就像太陽公公一樣。

維也納香腸糖果

把維也納香腸剪開再連結,就成了一顆令人垂涎的糖果!

快速捲成一個杯狀,中間擺上炒蛋或馬鈴薯沙拉也OK!

 **作品欣賞** P.28至P.29

毛毛蟲先生

使用器具	剪刀	義大利麵	燙煮

① 將香腸邊端剪下約1cm長。

② 每隔5mm，剪一道略深的剪口。

③ 燙煮30至40秒之後待涼，以義大利麵連結①&②。

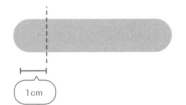

1cm

5mm

PUSH

★以煮過的義大利麵當成觸鬚、黑芝麻當作眼睛，再以番茄醬點出腮紅。

森林の妖精

使用器具	剪刀	燙煮

① 將維也納香腸剪成兩半。

② 取香腸圓邊裁掉L形，作成臉部。

③ 在②下方剪出左右對稱的V字形剪口後，燙煮約30至40秒。

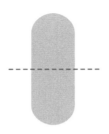

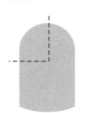

＊讓剪刀稍微橫倒，以刀尖進行裁剪。

★燙煮之後，以黑芝麻點綴出妖精的表情吧！

企鵝先生

使用器具	剪刀	吸管	燙煮

① 將維也納香腸剪成兩半。

② 在左右兩側剪出對稱的V字形剪口。

③ 以稍微弄扁的吸管壓印鳥嘴的形狀後，燙煮約30至40秒。

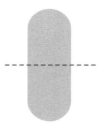

＊讓剪刀稍微橫倒，以刀尖進行裁剪。

PUSH

★燙煮之後，以黑芝麻安裝上眼睛也OK！

小朵の花

使用器具	剪刀	燙煮

① 將維也納香腸對半剪開。

② 在6個位置剪出剪口，燙煮約30至40秒。

＊若一口氣剪到底，材料容易坍塌；建議由內而外，分6次放射狀剪開，成品會比較好看。

★在中心處擺放玉米粒、青豆也OK！

櫻桃皇冠 使用器具 剪刀

❶ 櫻桃梗朝上，將表層剪出一圈深V字形。

❷ 把上緣的果皮剝下。

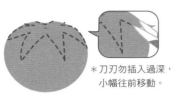

＊刀刃勿插入過深，小幅往前移動。

 # 草莓太陽公公 使用器具  剪刀

❶ 剪下草莓尖端。

❷ 由內而外，分成6次放射狀剪成6等分。

❸ 小心攤開，把①剪下的部分擺在中間。

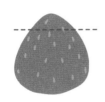

＊注意不要剪得太接近底部！

維也納香腸糖果 使用器具 剪刀 義大利麵 燙煮

❶ 將香腸剪成3等分。

❷ 將兩端的香腸6等分剪開。

❸ 燙煮30至40秒，以義大利麵固定。

＊建議分6次，由內而外放射狀剪開，會比較好看。

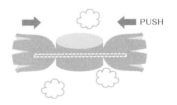

← PUSH

香腸蕾絲 使用器具 剪刀 削皮器 吸管

❶ 以刨刀將魚肉香腸刨成薄片。

❷ 將①稍微對摺，裁剪成連綿的山形。

❸ 展開②，以吸管壓印圖案。

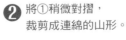

★可以直接用來當成隔板，也可以捲成杯子的模樣。

沙拉 & 主餐 の裝飾

維持原樣雖也不錯，不過只需加入一、兩種裝飾刀工，
料理的質感就能瞬間UP！

沙拉

小黃瓜九連環

以剪刀將小黃瓜片剪出剪口，
再組合成立體的造型。

小黃瓜幸運草

幸運的四葉幸運草
片片灑落，真是幸福……

心形櫻桃蘿蔔

以削皮器刨兩刀，
可愛的愛心就浮現了！

主餐の
配菜

檸檬兔

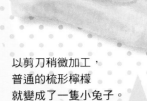

以剪刀稍微加工，
普通的梳形檸檬
就變成了一隻小兔子。

三等分剪開也相當華
麗哩！

龍形櫻桃蘿蔔

以削皮器刨出麟片般
的切口，真是有型！
此作品直接大膽保留
葉片即可。

削皮器作の花

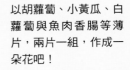

以胡蘿蔔、小黃瓜、白
蘿蔔與魚肉香腸等薄
片，兩片一組，作成一
朵花吧！

豌豆莢葉片

只需以剪刀稍剪一下，一般
的豌豆莢即變身成葉子！

切法 P.34至P.35

 **小黃瓜幸運草**　使用器具 剪刀

❶ 將小黃瓜切成圓片，
剪出4處V字形剪口。

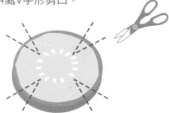

試試作成三葉或五葉等，各種幸運草吧！

小黃瓜九連環　使用器具 剪刀

❶ 將小黃瓜切成圓片，取兩片重疊後
從中剪開，約剪至一半處。

❷ 將①組裝在一起。

PUSH

心形櫻桃蘿蔔　使用器具 削皮器

❶ 將櫻桃蘿蔔直切成兩
半，以削皮器自左上往
下斜刨，越往下刨要越
窄。

❷ 同樣從右上往下斜刨，讓收口
處與①重疊。

檸檬兔　使用器具 剪刀

❶ 將檸檬切成梳子狀，薄薄地削
下2/3的外皮。

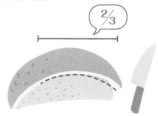

2/3

❷ 將表皮輕輕地往內摺，
再以剪刀剪出剪口。

❸ 以手稍微打開剪口，
整理形狀。

豌豆莢葉片

使用器具 剪刀 燙煮

① 將豌豆莢去筋膜，以鹽燙煮。

② 沿著豌豆莢的圓弧邊，小心地裁剪。

③ 拉開②，取出豌豆。

龍形櫻桃蘿蔔

使用器具 削皮器

① 以削皮器自下緣處起，刨出一圈切口。

② 與①的位置交錯，以相同作法在上方刨出切口。

③ 反覆操作，直到頂端。

削皮器作の花

使用器具 削皮器

① 將小黃瓜切成約8cm長，以削皮器刨成薄片（2片）。

② 先將小黃瓜片呈十字放置，再自左右往中間摺入。

③ 在正中央擺上小番茄或乳酪球等。

8cm

★若以胡蘿蔔或白蘿蔔製作，請先浸入鹽水泡軟再行製作。

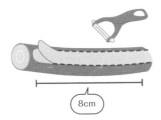  

小黃瓜葉片

使用器具 剪刀

作品欣賞 P.20

① 將斜切成薄片的小黃瓜，剪出左右對稱的鋸齒狀剪口。

稻荷壽司動物家族

使用器具 剪刀

作品欣賞 P.9

猴子

海苔

切成半月形的魚肉香腸

★作法參見P.15。

炒菜 の配料

一旦切法改變，
不僅整體看起來更華麗，
口感亦隨之不同，完全異於一般料理！

花紋魷魚

從四邊剪開的剪口，就像傳統
的花紋一樣。

魚板齒輪

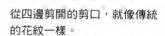

切口的配色也很好看，
放入菜中立即就熱鬧了
起來！

鵪鶉蛋花

自剪口處露出微黃，
是一朵可愛的小花唷！

青椒葉

這片葉子活用了青椒
翠綠的色澤。以剪刀
為工具，試著研究各
種剪法吧！

以彩椒
製作紅葉也OK！

迷彩夏南瓜

以番薯或小黃瓜製作也OK！

條紋茄子

將外皮隨意刨削再切段，花色參差的迷彩夏南瓜，大功告成！

筆直俐落的線條，相當好看！

胡蘿蔔石竹花

將喀擦剪下的翅膀，安裝在各種東西上任其飛翔，也很有趣。

豌豆莢翅膀

展現石竹花瓣風姿的細密剪口，是以剪刀才作得出來的喔！

魷魚門簾

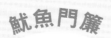

迅速捲起＆固定，立即變身海葵！

如門簾般隨風擺動的姿態相當獨特。

魷魚海葵

鵪鶉蛋花

使用器具　剪刀

① 將鵪鶉蛋水煮後，
縱向剪出5處剪口。

② 上下輕按成圓扁狀，
注意不要弄破。

＊讓剪刀的張幅與剪口
同寬，一次剪妥。

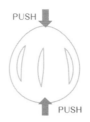

PUSH
PUSH

花紋魷魚

使用器具　剪刀 | 加熱

① 攤開魷魚，裁成正方形。

② 分別在四個邊剪出剪口。

＊正方形的大小可依喜好決定。

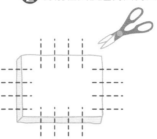

＊受熱之後，
剪口就會張開。

魚板齒輪

使用器具　剪刀

① 魚板切成約1cm厚，先以剪刀
垂直邊綠入刀後，第二刀斜剪
出剪口。

② 重覆①的作法。

青椒葉

使用器具　剪刀

① 將青椒縱向剪成兩半，
取下蒂頭＆籽。

② 將①再次縱向剪成兩半。

③ 剪出左右對稱的剪口，
作成葉片的形狀。

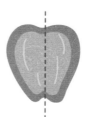

迷彩夏南瓜（條紋茄子）

使用
器具　削皮器

❶ 讓削皮器以蜿蜒滑動畫曲線的方式，削去外皮。

❷ 切成料理所需大小。

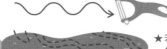

★若採直削的方式作業，將呈現出條紋的俐落感。

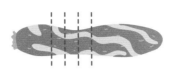

 **胡蘿蔔石竹花**

使用
器具　剪刀

❶ 將胡蘿蔔切成圓薄片，在上下左右四處，剪出略深的V字形剪口。

❷ 在①的剪口間剪出細密的鋸齒狀剪口。

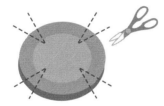

魷魚門簾

使用
器具　剪刀　義大利麵　加熱する

❶ 攤開魷魚，剪成長方形。

❷ 每間隔5mm剪一道剪口，剪口長度約至中間。

花式進階 魷魚海葵

將之層層捲起，以風箏線綁妥之後加以燙煮。

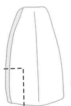

＊請剪成自己喜歡的大小。

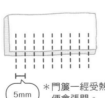

5mm

＊門簾一經受熱便會張開。

PUSH

★先以義大利麵別住固定，整體形狀就不會散掉。

＊裁出的長方要比門簾魷魚大，作業起來會比較方便。

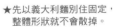 **豌豆莢翅膀**

使用
器具　剪刀

❶ 豌豆莢去筋膜。

❷ 自圓弧邊頂端開始，剪成稍斜的V字形剪口。

❸ 逐一剪成鋸齒狀，約剪至一半處。

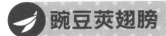

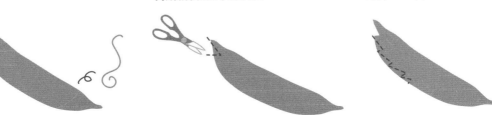

煮物 & 火鍋 の配料

即使是簡單如大雜燴般的煮物或火鍋配料，
只要多花點功夫，氣氛也能直奔高級日式餐廳！

豌豆莢花瓣

剪出箭羽紋般的剪口，
成為小小的裝飾。

胡蘿蔔蝴蝶

香菇花

不僅外觀變得可愛，
食材更易入味也是附
加的好處！

胡蘿蔔片瞬間化身
蝴蝶囉！

翅膀＆觸鬚的
造型變化！

齒輪香菇

多剪出一些剪口，
就變成了齒輪。

豪華の蝦子

蝦子一經燙煮，剪口
便會迸開，整體看來
相當大器！

繫結の胡蘿蔔

切法
P.62

星星香菇

蒟蒻韁繩

即便是傳統的裝飾刀工，輔以
剪刀作業就不怕失敗囉！

只要把普通的X形裝飾
刀工改成星形，就成了
孩子喜歡的食物。

鬃毛竹筍

剪成鋸齒狀剪口後，竹筍的印象
仍然不變。

魚板韁繩

發揮魚板雙色特點的傳統裝飾
刀工，以剪刀處理也OK！

 切 法 作品欣賞 P.40至P.41

香菇花

使用器具 剪刀

① 在6個位置，剪出V字形剪口。

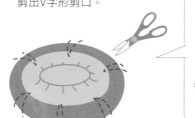

花式進階 齒輪香菇

約剪出12個剪口。

＊先在上下各剪出一個剪口，左右兩邊再各剪出兩個剪口，就會成為一片勻稱的花瓣。

豌豆莢花瓣

使用器具 剪刀

① 將豌豆莢除去筋膜。

② 將前端剪成V字形。

胡蘿蔔蝴蝶

使用器具 剪刀

① 將胡蘿蔔切成薄圓片，上下剪出V字形的剪口。

② 在距離剪口約2mm至3mm處，裁剪出小V字形剪口。

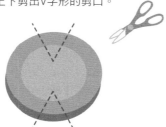

2mm至3mm

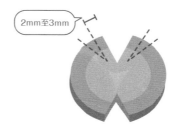

★ 在翅膀處剪出淺淺的V字形，作成各式各樣的蝴蝶吧！

豪華の蝦子

使用器具 剪刀 燙煮

① 蝦子去尾去殼，取出腸泥。

② 左右交錯剪出V字形的剪口。

＊剪刀下刀稍深，剪口會開得更好看。

＊蝦子經過燙煮，剪口便會進開。

蒟蒻韁繩

❶ 將蒟蒻剪成約5mm厚，對摺之後從中剪開，尾端保留約1cm不剪。

❷ 將另一端的蒟蒻，塞入剪口處。

 鬆毛竹筍

❶ 將竹筍切成半月形薄片後，剪出V字形剪口。

❷ 逐一等距剪出V字形剪口。

*若切成厚片容易出現裂紋，請注意！

 星星香菇

❶ 讓剪刀稍微橫倒，剪出V字形的剪口。

❷ 共剪出5處，剪成一個星形。

*剪刀勿下剪過深，以免剪斷造型！

 魚板韁繩

❶ 將魚板剪至約1cm厚，沿著色塊約裁開2/3。

❷ 將剪下的部分往內對摺之後，從中剪開。

❸ 穿過剪口。

*不要剪到邊緣底端。

43

生日

以裝飾刀工料理特別菜單，讓生日的雀躍心情
更加開心吧！

胡蘿蔔絲帶

將削皮器刨成的胡
蘿蔔片，以水果叉
別住固定，就成了
一條可愛的絲帶。

白蘿蔔絲帶

以白蘿蔔或小黃瓜作成
不同顏色的絲帶吧！

葡萄柚燈

將葡萄柚的果皮劃開＆下捲，
豪華的甜點托盤就完成了！

生日の可愛裝飾刀工

❀ 禮物魚板

往頂端內彎＆打個蝴蝶結吧！

❀ 心形魚板

善用魚板的色澤，作出可愛的心形當成禮物。

❀ 魚肉香腸玫瑰

以削皮器薄薄刨下的魚肉香腸片，作出一朵可愛的玫瑰花。

❀ 櫻桃蘿蔔手鞠球

美麗的紅底白條紋手鞠球。

甜椒搖籃

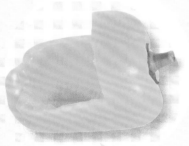

以剪刀就能輕鬆鑿空！化身成可以容納任何東西的器皿。

也可填入塔塔醬或沙拉醬，作成整個都能吃的沙拉碗。

奇異果花

切法
P.27

葡萄花

以剪刀稍微劃出切口再剝皮，不僅外觀好看，吃起來也方便。

🥕 胡蘿蔔絲帶（白蘿蔔絲帶）

❶ 以削皮刀將胡蘿蔔刨成薄片，浸在鹽水裡泡軟。

❷ 使左右端交叉，以水果叉別住固定。

❸ 尾端剪成V字形。

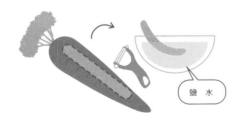

鹽水

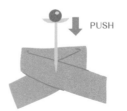

PUSH

★也可以以白蘿蔔或小黃瓜作成不同顏色的絲帶。

⊛ 葡萄柚燈

❶ 切下葡萄柚上1/3之後，把剪刀刀刃插入果皮＆果肉間白色的部分（插入深度約2cm），剪開果皮。

❷ 等距剪出8道剪口。

❸ 將②的果皮間隔剝下，往中間摺入。

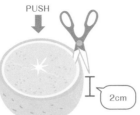

PUSH

2cm

◖ 禮物魚板

❶ 魚板切成1cm厚，沿著色塊從左右兩端往中間剪開，中間保留約5mm不剪。

❷ 將剪下的部分往內摺。

5mm

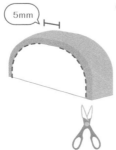

◖ 心形魚板

❶ 魚板剪至約1cm厚，沿色塊的部分約剪下2/3。

❷ 把剪下的部分從中間剪開。

❸ 將兩端對合，以義大利麵別住固定。

2/3

魚肉香腸玫瑰

使用器具 削皮器　義大利麵

❶ 以削皮器刨一條長長的薄片。

❷ 從側邊開始層層捲起。

❸ 以義大利麵別住收口。

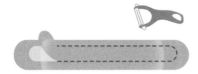

＊作業到一半時將香腸往內摺捲，
會更像一朵玫瑰。

PUSH

 櫻桃蘿蔔手鞠球

使用器具 剪刀

❶ 在5至6個位置處，
縱向剪出V字形的剪口。

❷ 將剪口處清理乾淨。

＊分成2至3次，逐一
斜斜地往下裁剪。

 甜椒搖籃

使用器具 剪刀

❶ 運用剪刀單側刀
刃，自蒂頭算起
約2cm處插入&
剪到一半左右。

2cm

❷ 轉彎後環繞一圈剪下。

❸ 掏空內容物。

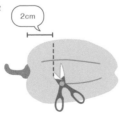

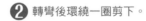

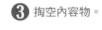 **葡萄花**

使用器具 剪刀

❶ 在蒂頭&果實交接處，
剪出約1cm的十字形
剪口。

1cm

＊刀刃勿插入過深，
小幅往前移動。

❷ 揭下外皮時，
請留意不要撕破。

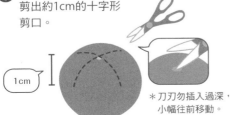

年 節

以經過裝飾刀工美化的菜餚，
來傳達新年的歡喜心情吧！

日本柚子の花籃

因採挖空後再剪出剪口的方式
作業，完成品相當好看！

打個結作出造型，
展現微時尚的氛圍。

繫結花籃

魚板皇冠

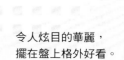

令人炫目的華麗，
擺在盤上格外好看。

鯱蝦

一骨碌翻身的模樣，
讓人深感新年開始的
好氣勢。

竹輪手提包

請填入什錦美味或佐
料，視內容物決定手
提包的大小吧！

切片小黃瓜杯

將小黃瓜片層層捲起，
可以吃的杯子就完成了！

✿ 火腿孔雀

一片火腿，化身成孔雀開屏的
模樣。

✿ 松樹

菜刀都難以施展的傳統裝飾刀
工，結合削皮器＆剪刀的技法
製作，真是出奇的簡單！

Plus +1 idea

白蘿蔔
蕾絲

把煙燻鮭魚夾入
蕾絲造型的白蘿
蔔間，成為一道
超讚的冷盤。

日本柚子の花籃

① 把日本柚子對半切開,以湯匙挖除果肉,再將邊緣一一裁剪成鋸齒狀。

＊可配合內容物,決定裁剪的分量。

花式進階 繫結花籃

❶沿著邊緣,各細細地剪下半圈。

❷將剪下的部分打結。

魚板皇冠

使用器具 剪刀

① 魚板剪至約1cm厚,每隔3mm剪一道剪口,下方保留約5mm不剪。

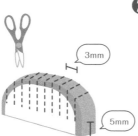

3mm

5mm

② 每隔一個剪口,摺起一截魚板。

＊從中間開始捲起。

★捲到側邊收尾時,以義大利麵別住也OK。

魷蝦

使用器具 剪刀 | 燙煮

① 蝦子去殼,取出腸泥。

② 在蝦頭的方向,直向剪出2cm左右的剪口。

2cm

❸ 在兩端的分開處剪3至4個剪口後,快速燙煮。

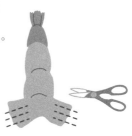

竹輪手提包

使用器具 剪刀

① 將竹輪剪成3等分。

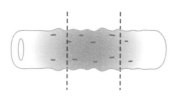

＊可配合內容物更改長度。

② 中間預留約1cm後,將兩側剪開。

1cm

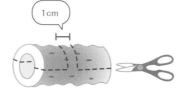

★放入喜歡的餡料。

🥒 切片小黃瓜杯

使用
器具　削皮器

❶ 使用削皮器，
將小黃瓜刨成長薄片。

❷ 量出中間所需大小，
再把它捲起來。

★填入容易整理的餡料。

⬭ 火腿孔雀

使用
器具　剪刀

❶ 錯開大約3cm後對摺。

❷ 在對摺邊上每隔5mm，
剪一道剪口。

❸ 捏起★處，同時把剪口的部分往外摺，
讓它平衡地展開。

🥒 松樹

使用
器具　剪刀　削皮器

❶ 將小黃瓜切成約3cm至
4cm長後，縱向切成兩
半，以削皮器自下方開
始，削出一個個各約
1cm高的切口。

❷ 以剪刀，
把切口細細地剪開。

🥕 白蘿蔔蕾絲

使用
器具　剪刀　吸管

❶ 將白蘿蔔切成圓薄片，
放入鹽水中泡軟。

❷ 稍微對摺後，將外側剪
出圓圓的花瓣。

❸ 展開②，以吸
管配合花瓣的
曲線進行壓
模。

★以蕪菁或胡蘿蔔製作
也OK。

51

聖誕節

> 聖誕老人、樹、馴鹿……
> 擁有超多主題的聖誕節，
> 裝飾刀工更要多下一些功夫喔！

維也納香腸麋鹿

相同的部件，
也能作成軀幹。

大大的鹿角，
是麋鹿的特色！

佟桂

青椒的鋸齒葉子＆櫻桃蘿蔔
作成的紅色果實。

蝦子鸚鵡螺化石

筆挺＆尖刺般的模樣很受歡迎。搖身一變成為主角級菜色。

鷗鵠蛋花

切法
P.38

塞入內餡之後放進烤箱烘烤，就成了一道整個都能吃的焗烤！

彩椒杯

這一款附杯蓋的杯子，連不喜歡吃青椒的孩子也會欣然接受。

檸檬提籃

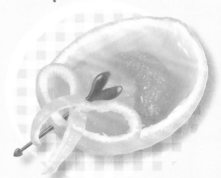

以水果叉別住絲帶的一款別緻提籃。香氣清新，搭配檸檬果凍正好！

Plus 1 idea

這款番茄杯子四季皆宜，亦可將杯蓋修剪成鋸齒狀。

搖曳の小黃瓜樹

番茄杯
（聖誕老人版）

以番茄來製作紅衣服＆紅帽子的聖誕老公公正合適呢！

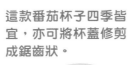

小番茄の蘋果

只需將毛豆插在小番茄上，就是這麼簡單！

疊上一層又一層的小黃瓜片，作成一株樹吧！

切法 P.54至P.55　　53

維也納香腸麋鹿

使用器具　剪刀　義大利麵　燙煮

① 先斜切成兩半，再從中剪開。

② 在外側斜剪出一些剪口，燙煮30至40秒。

★不只能作成臉，把①&②組合起來會更可愛。

芝麻
※
番茄醬
PUSH

佟桂

使用器具　剪刀

① 將青椒切成六等分，去蒂取籽。

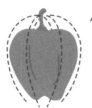

② 先裁成鋸齒狀，再修成佟桂葉的模樣（2片）。

③ 搭配兩片櫻桃蘿蔔作為裝飾。

蝦子鸚鵡螺化石

使用器具　剪刀　燙煮

① 蝦子去殼，取下腸泥。

② 讓剪刀稍微橫倒之後，背側剪出均等的 V 字形剪口。

＊剪口經受熱後，就會进成角狀。

彩椒杯

使用器具　剪刀

① 自蒂頭算起大約1cm處剪下。

② 把籽刮掉，將內部清乾淨。

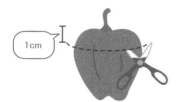

1cm

使用剪刀就可以將內部纖維等部分輕鬆清理乾淨。

🍋 檸檬提籃

使用器具　剪刀　水果叉

❶ 檸檬對半切開，挖空內瓢果肉後，剪下兩側的表皮，但保留部分不用剪。

❷ 讓剪下的表皮左右交叉，作成蝴蝶結的模樣後，以水果叉別在檸檬的前端。

PUSH

🍅 番茄杯（聖誕老人版）

使用器具　剪刀　吸管　義大利麵

❶ 自蒂頭算起約1cm處剪下，挖空內瓢＆籽，以廚房紙巾等，拭乾其中的水分。

❷ 以剪刀將裁下的部分修成鋸齒狀。

花式進階 聖誕老人版

水煮鵪鶉蛋切成兩半後，以義大利麵固定於頭頂。

以吸管壓印的胡蘿蔔片

不需修成鋸齒狀。

海苔

吸管壓印的乳酪片

馬鈴薯沙拉

＊使用下半截的番茄也OK。

🥒 搖曳の小黃瓜樹

使用器具　剪刀　竹串

❶ 切出8份小黃瓜片，每種長度各兩片。

❷ 小黃瓜片兩端往中間交疊，再逐片插入竹籤中。

❸ 以不斷交叉重疊的方式，把黃瓜片逐片插入竹籤，再把竹籤插入厚約3cm至4cm的白蘿蔔基座。以印模成星形的胡蘿蔔片作為裝飾。

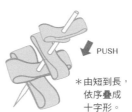

PUSH

＊由短到長，依序疊成十字形。

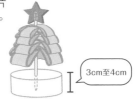

3cm至4cm

另一道可愛的菜！

🍅 小番茄の蘋果

❶ 將小番茄去除蒂頭。

❷ 剝下毛豆的薄膜，切成兩半。

❸ 將烤過的義大利麵摺成2cm長，插在毛豆上後，再一起插入小番茄中。

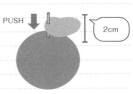

PUSH

2cm

演繹 季 節 感 の裝飾刀工

本單元蒐集了各種能為整體菜餚
點亮季節風味感的裝飾刀工。

梅雨季節

兒童節

削皮器作の鯉魚旗

以削皮器削成
魚鱗圖案。

魚板蝸牛

背著粉紅色漩渦殼的
可愛蝸牛。觸眼是以
處理過的義大利麵製
作而成。

火腿頭盔

把火腿切片層層
捲起,化身為頭
盔!

擺上
水煮蛋也
good!

繡球花

灑上淡粉色的小花。一裝入便
當裡,華麗感立即提升!

菊花

仔細裁剪的細密
花瓣，乃是一大
亮點！

小番茄の蘋果

切法
P.55

豐收の秋天

櫻桃蘿蔔蘑菇

切法
P.17

毬果

以剪刀交互剪出鱗片般
的剪口。

萬聖節

女兒節

傑克南瓜燈飯糰

以恐怖的
表情
為目標吧！

加上乳酪，為黑
漆漆的飯糰賦予
表情。

水煮蛋の男孩＆女孩

擺上切片的胡蘿蔔＆小
黃瓜，並排成一組雛形
人偶。

切法　P.58至P.59

削皮器作の鯉魚旗

使用器具：削皮器 吸管

❶ 小黃瓜切成大約3cm長，縱向切成兩半後，以削皮器削成鱗片般的剪口。

❷ 翻開剪口之後取下。

❸ 以吸管鑿出眼睛，或將乳酪壓圓搭配海苔作成眼睛。

火腿頭盔

使用器具：剪刀

❶ 切成兩半。

❷ 沿著邊緣，自左右往中間剪開，中間保留約3cm不剪。

❸ 把火腿捲成圓錐狀，讓②相互交叉。

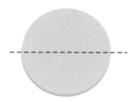

3cm

魚板蝸牛

使用器具：剪刀 義大利麵

❷ 將剪下的部分層層往內側捲起＆以義大利麵固定。

❸ 將處理過的義大利麵，插在蝸牛觸眼的位置。

5mm

❶ 將魚板切成約1cm厚，剪開有色的部分，保留尾端約5mm不剪。

PUSH

PUSH

繡球花

使用器具：剪刀 吸管 義大利麵

❶ 以吸管壓印幾片魚肉香腸，厚度約在2mm左右。

❸ 利用義大利麵，把②插入約7mm厚的魚肉香腸上。

PUSH

2mm

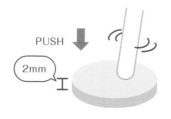

❷ 在①的香腸片上，剪出四處剪口。

PUSH

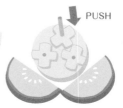

★搭配半月形小黃瓜片，看起來更像繡球花。

● 菊花

使用器具 | 剪刀 | 義大利麵

❶ 魚板切成約2mm至3mm厚（兩片），在色塊邊上每隔約3mm剪一道剪口。

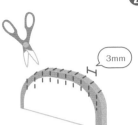

（3mm）

❷ 先取一片從側邊捲成一束，再以另一片自外圍包覆＆以義大利麵固定。

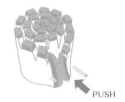

PUSH

● 毬果

使用器具 | 剪刀 | 燙煮

❶ 將維也納香腸剪成兩半。

❷ 香腸的圓邊朝下，將側邊交互剪出V字形的剪口，燙煮約30至40秒。

＊讓剪刀稍微橫倒，以刀尖進行裁剪。

● 傑克南瓜燈飯糰

使用器具 | 剪刀 | 牙籤

❶ 以海苔把圓筒狀飯糰包起來，接著裹上一層保鮮膜之後捏合海苔。

❷ 縱向剪出兩條剪口。

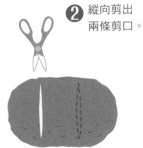

❸ 以牙籤刮開乳酪片作成臉部。

煮高湯用的海帶

★以牙籤刮開乳酪片，就能輕鬆切成喜歡的形狀。

● 水煮蛋の男孩＆女孩

使用器具 | 剪刀 | 削皮器 | 水果叉

●男孩

以削皮器將小黃瓜刨片＆剪成約2cm的長度，再剪出兩處V字形的剪口。
將小黃瓜片擺在水煮蛋上，以海苔或番茄醬作出臉部表情。
＊蘸番茄醬的方法，參見P.67。

●女孩

以削皮刀將胡蘿蔔刨成片＆裁成約5cm的長度，讓頭尾兩端往中間摺疊，再插入水果叉加以固定。
將胡蘿蔔片擺在水煮蛋上，以海苔或番茄醬作出臉部表情。

海苔

番茄醬

大人 の 派 對

裝飾刀工的造型食物就連大人看了也開心！
本單元蒐集了一些適用於小聚會＆下酒菜的裝飾刀工。

魚板結

喀擦剪開後再打個結，魚板片
也晉級囉！

小黃瓜花籃

火腿菊花

添加佐料的傳統
裝飾刀工。成品
就像店裡的料理
一樣專業。

改變剪法，
就變成了一朵太陽花。

捲得蓬蓬鬆鬆的花
瓣，看起來相當豪
華。

火腿太陽花

填入經典的芥末吧！
若放入田樂味增，
就直接作成一道冷盤上菜囉！

繫結の胡蘿蔔&白蘿蔔

繫上胡蘿蔔片，存在感瞬間提昇！如果搭配白蘿蔔，更能演繹出紅白的歡慶感。

賀禮魚板

一骨碌編排起來的模樣，就像禮簽一般。

火腿搖籃

把火腿片連接起來，作成各式各樣的置物籃吧！

擺上馬鈴薯沙拉等配料。

竹輪花

以剪刀剪開竹輪，當成花瓣。

擺上乳酪，就成了一道美味的下酒菜。

台階小黃瓜

以削皮器刨片後，將層層捲起的造型當成別具一格的裝飾。

火腿菊花

使用器具：剪刀　義大利麵

① 火腿片剪成兩半之後橫向對摺，在對摺邊上每隔5mm斜剪一道剪口。另外半片火腿作法亦同。

5mm

② 取其中一片火腿層層捲起，另一片火腿則包捲在外，以義大利麵別住收口。

PUSH

花式進階

火腿太陽花

A每隔5mm剪一道剪口，B則在橫向對摺之後，在對摺邊每隔5mm剪一道剪口。完成後將A捲成芯，B包捲在外，以義大利麵別住收口。

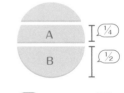

A ¼
B ½

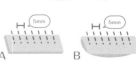

5mm　A　5mm　B

魚板結

使用器具：剪刀

① 將魚板剪成約1cm的厚度，沿著色塊裁開至約一半處。

② 將剪開的部分，再次從中剪開。

③ 將剪開的部分打一個結。

小黃瓜花籃

使用器具：剪刀　削皮器

① 以削鉛筆的方式，以削皮器把小黃瓜一端削細。

② 讓剪刀稍微橫倒，剪出四處稍深的剪口。

③ 手持紙張，緊緊握住小黃瓜後扭斷。

★切平底部，以保持穩定。

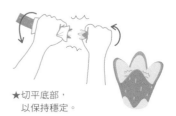

繫結の胡蘿蔔＆白蘿蔔

使用器具：削皮器

① 以削皮器，刨出細長的薄片。

② 放入鹽水中泡軟。

③ 輕輕地打個結，注意不要掐碎。

鹽水

 **竹輪花**

❶ 將竹輪剪成3等分。

❷ 剪開十字形的剪口，大約剪至一半處。

❸ 花瓣一經受熱，便會自然展開。

賀禮魚板

❶ 魚板切成7mm至8mm厚，依圖示剪出剪口。

❷ 將Ⓐ由上往下穿過中間的Ⓒ孔。

❸ Ⓑ則自另一側穿過。

＊Ⓐ的部分，沿著色塊剪開。
　Ⓒ的部分，將剪刀插入其中剪開。

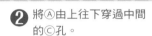

火腿搖籃

❶ 沿著火腿片弧度從左右剪開，保留1cm不剪。

❷ 將火腿片對摺，在距離外側約1cm處，剪出一個5mm左右的剪口。

❸ 將①絲帶狀的部分，穿過②的小孔，左右收合＆打結。

1cm

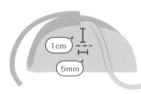

1cm

5mm

＊捏住火腿片，以刀尖細細剪開。

台階小黃瓜

❶ 將小黃瓜切至約4cm後，縱向切成兩半，以削皮器刨皮至一半處，無需刨下。再把外皮摺往內側。

❷ 稍微錯開，同樣刨開之後再往內摺。反覆操作。

Yummy！
造型刀工 & 裝飾

不論是特殊的節日，或日常的便當，
裝飾刀工 & 造型裝飾，總是能派上大用場！
以下提供一小部分的應用範例作為參考。

新年
賀年卡用
裝飾便當

立春
立春の裝飾
稻荷壽司

運動會
以花為裝飾の
海苔壽司便當

女兒節
簡單の
太陽公公
便當

夏日祭典
刨冰造型
の
裝飾飯糰

賀年卡用裝飾便當

每年都會以食材製作生肖賀年卡圖,「新的一年要作什麼啊?」親戚們都在問呢(笑)!

以小黃瓜皮壓模後,以義大利麵固定。

削皮的小黃瓜。

角是奶嘴海帶。

將以蔬菜粉染色的蛋白,作成薄燒蛋皮。

★將小梅子剪出剪口作成梅花,裝飾得更加華麗!

立春の裝飾稻荷壽司

可愛的鬼先生&丑女面具的稻荷壽司。如果是這樣的鬼先生,連小孩都能毫不害怕,放心大嚼哩!立春前一天,務必邀請孩子們一起作作看!

魚肉香腸切片。

縱向切成兩半的鵪鶉蛋。

★將豆皮邊往內摺,外觀會更好看。

簡單の太陽公公便當

只要在飯上稍作裝飾,即搖身成為一款饒富季節感的可愛便當!菜肴不多時,可以派上大用場喔♪

小黃瓜片&魚肉香腸

將上片剪成扇形&在中間夾入乳酪片

★以胡蘿蔔或薄燒蛋皮等製作,會更加討人喜歡。

以花為裝飾の海苔壽司便當

這一款特別的便當裡,盛滿了「要加油喔!」的心情。與其作飯糰,更推薦製作此款便當喔!不僅賣相佳,當成下酒菜也很棒。

以圓形壓模,把波隆那香腸中間挖空,當中放入鵪鶉蛋片進行烤焙。

插上以紙膠帶&牙籤作成的旗子!

刨冰造型の飯糰

當苦思暑假期間的三餐該作些什麼時,我想到了在家裡跟孩子們一起作些可愛的裝飾飯糰的好點子♪好好享受畫臉蛋、作手工的樂趣吧!

把飯裝入杯模中,裹上保鮮膜定形之後,再把五顏六色的香鬆,當成刨冰的糖漿淋上吧!

我想透過裝飾的手法,
讓原本棘手的蔬菜變得令人垂涎;
再藉由可愛的作品,
教導孩子們手作的樂趣,
得以結合食育於生活。
請一起把飲食的樂趣及其重要性,
傳達給孩子們吧!

『HAPPY DAYS!』
http://ameblo.jp/chi-mama-333/

65

part 3
享受更多裝飾刀工の創意訣竅

讓裝飾刀工の表情更加豐富

只需稍微動動剪刀，
就能享受可以作出各種造型變化的裝飾刀工。
在想讓孩子超級開心的日子裡，不妨試著加工一下，
作作臉蛋表情等花樣裝飾吧！

安裝眼睛

★黑芝麻

最簡單的方法就是利用黑芝麻。以牙籤或竹籤在食材上稍微鑽孔，再塞入黑芝麻。黑芝麻的體積雖小，但一頭圓一頭尖，表情的氛圍會隨著擺放的方向而有所不同，因此放置時務必慎重！把芝麻尖的一頭插入孔內，就能作成圓圓的瞳孔。

★海苔

把海苔片剪圓、剪細，作成各種形狀的眼睛吧！以一般打洞器，或市售的海苔打洞器，就能輕鬆作出各種表情。

★乳酪＋海苔

把乳酪片壓模成圓片作成眼白，再貼上海苔作成的瞳孔，襯托出海苔的烏黑色澤，表情立即顯得與眾不同。

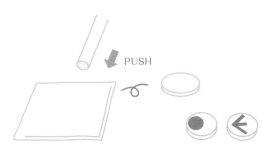

點上腮紅

★番茄醬

將番茄醬擠入小碟，以牙籤的鈍頭沾取些許醬汁，如蓋章般直接點上，就能作出又紅又圓的小腮紅。

PUSH

★魚肉香腸＆火腿

以小吸管壓模，也能作出渾圓粉嫩的腮紅。稻荷壽司＆三明治等較大面積的臉龐，以此方法製作會比較好看。

☆要裝飾上眼睛或腮紅時，雖藉著材料本身的水分，就能直接黏妥，但為保食材穩定，在內側抹上美乃滋，就能更確實地黏好固定。但美乃滋請勿使用過量喔！

水果叉＆器皿也是飾品の一環

比如將葉片狀的水果叉插在小番茄花（(P.8)上，將鵪鶉蛋兔子（P.9）放進葉片般的杯中等，試著在擺盤時多想一下，把裝飾刀工襯托得更好看吧！

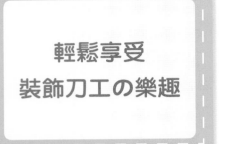

說起裝飾刀工，好像耗時又費力⋯⋯
自己手拙，真的是有心無力⋯⋯
如果你也有這些印象，盡可放心，
本單元將會把簡單＆快速完成的訣竅都教給你！

集中製作備用

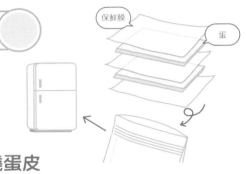

★臉部の部件

先把眼睛、嘴巴等部件用的海苔，剪（或壓模）成各種尺寸形狀，放入塑膠密封容器中備用吧！正式製作的時候，就能省去一一壓模的時間。

★薄燒蛋皮

先煎妥幾片薄燒蛋皮，放入冷凍保存備用吧！在蛋皮之間夾入保鮮膜，層層疊好後放進拉鍊袋內保存，需要時就可逐片取出使用。切成蛋絲再冷凍也OK。以7天至10天的用量為準來準備吧！

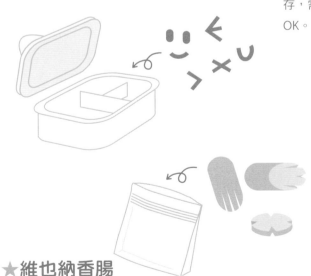

★經過處理の義大利麵

（製作方法→P.7）

將義大利麵整批乾炒或烘烤好後，與乾燥劑一起放入拉鍊袋中，即能以常溫保存。建議保持稍長的狀態存放，使用時再摺成需要的大小即可。

★維也納香腸

香腸可以冷凍保存，所以作好裝飾刀工之後，先不要加熱，直接放入拉鏈袋內加以冷凍吧！保存期限大約為1個月。在冷凍狀態下直接煮或炒，剪口就會打開喔！火腿同樣也以保鮮膜一片片包妥，在濕潤的狀態下直接冷凍。建議切一個月所需的分量，需要時取出自然解凍即可。

保存期限僅供參考，請盡早使用完畢。

燙煮

鏘！

★ 使用極少量の熱水

燙煮少量食材時，將材料＆稍可露出材料的水量，倒入小鍋內加熱，就不會浪費。

少量
OK！

★ 維也納香腸
微波爐也OK！

把香腸放入500W的微波爐中，蓋上保鮮膜，每1至2條加熱20至30秒左右（每增加一條，微波時間增加10秒鐘），香腸展開時會很好看喔！可以此法代替燙煮。

※因微波時的數量、剪法、瓦數及時間各不相同，請一邊觀察香腸展開的狀態一邊調整。

★ 也可以利用微波爐調味

燙煮少量的豌豆莢、花椰菜等蔬菜時，也可用微波爐替代。把蔬菜放入馬克杯中，倒入稍可露出材料的水量、一搓鹽（胡蘿蔔則為糖），以500W的微波爐加熱2至3分鐘，一邊加熱一邊觀察材料狀態。以法式清湯代替鹽，或倒入醬油與味霖作成的高湯來加熱，味道也將極富變化。

※蝦子＆魷魚也適用。

水

鹽

製作漂亮薄燒蛋皮的訣竅

★ 以濾茶器過濾

打散雞蛋之後，以濾茶器過濾一下吧！蛋汁會變得柔滑，成品色澤也會更加均勻好看。

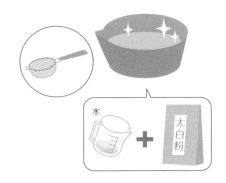

水 ＋ 太白粉

★ 添加太白粉

在蛋汁裡加入少量太白粉水，作成耐撕且不易破的薄燒蛋皮。

使作業更順手の器具

雖然以剪刀＆削皮器，就能完成裝飾刀工，
但還有一些物品，能使便當＆餐桌更加增色。
把它們都拿來試試看，為裝飾刀工加分吧！

★鑷子

準備一只鑷子，在處理眼睛等細小的部件時會很方便。近來在裝飾便當的烹調器具區，常能尋到此類工具的蹤跡，或選擇前端為尖狀的急救用鑷子亦可。也可找兩支竹籤權充筷子，作為替代品。

★壓模

當許多裝飾刀工同時堆放在一起，有時一個個並不顯眼。要讓裝飾刀工更加醒目可愛，建議使用簡單的壓模。雖然每個裝飾刀工各有其獨特魅力，但要大量製作同款造型時，壓模會比較方便。

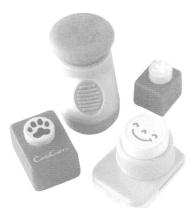

★蠟紙＆紙蕾絲

將其鋪在料理底下、當成隔板使用、代替杯子……瞬間讓餐點更顯華麗。在思考顏色形狀變化的同時，蒐集一些紙張備用，會很有方便唷！

★海苔壓模

各種臉部表情的部件，是當然的必備款；市面上也有星形、心形，音符標誌等多種壓模可供選購。不僅省下了剪取小部件的工夫，也能將裝飾刀工外的料理襯托得更加賞心悅目。

此時也要善用廚房剪刀＆削皮器喔！

廚房剪刀擅長「剪出喜歡的造型」，
而削皮器則對於「薄削」最在行；
除此之外，還有其他便利的用途喔！
讓它們除了裝飾刀工之外，
也能發揮更大的功能吧！

廚房剪刀

★剪下香菇梗

以菜刀剪取香菇根部
時，傘蓋容易破損；若
改用剪刀，就能乾淨俐
落地將其剪下。

★巴西里末

把巴西里放入稍深的器具或玻璃杯
中，再以剪刀直剪，就能在不弄髒
砧板的狀態下剪碎食材。

削皮器

★刮圓

麻煩的刮圓亦是輕
而易舉。將削皮器
輕輕貼附於邊緣，
就能輕鬆搞定。

★芹菜去外皮纖維

要取下芹菜的外皮纖維時，
以削皮器沿莖脈將之刨下，
就能輕鬆去除。

★斜削

把牛蒡等食材放在砧板上，讓削皮器小幅往前滑
動，就能輕鬆搞定。但動作若是拉得過長會削成
薄片，請多留意。

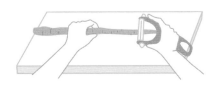

★削皮器＋菜刀切絲

白蘿蔔、胡蘿蔔、小黃瓜等蔬菜要切絲時，
先以削皮器把它們刨片，再重疊數片加以細
切，就能輕鬆切出均勻的長絲。

不要輕易捨棄！「碎屑」烹調法

裁掉的邊、挖掉的部分、剩下一半的食材……
這些都是作裝飾刀工時，一定會出現的零碎剩料。
本單元將告訴你，
如何以這些素材作出更多美味料理的好點子！

暫時集中冷凍保存

「碎屑」是進行裝飾刀工時，每次都會留下、數量種類很少、不是很方便使用的東西。所以，暫時把它放入密封容器中，保存備用吧！
找一個「碎屑」的專用容器，以廚房紙巾將「碎屑」擦乾水分，丟入其中備用。材料先切小塊儲備，作菜時就能直接使用，相當方便喔！若會在2至3天內使用，冷藏保存即可；因材料而異，以冷凍方式保存也行OK。存量請以2周為準吧！

即使是不適合冷凍的魚板＆小蘿蔔，切小塊後就不會太在乎口感，因此冷凍保存也OK。惟獨水果，請另以其他容器保存。

※若持續追加食材，就無法消化舊的部分。請在一定期間內使用完畢吧！

應用於料理中

★用於炒飯

已呈小塊狀的材料，相當適合用來當成炒飯＆雞肉飯的配料。快速翻炒之後，加入炒飯當中一起拌和即可。

★用於餃子

將它拌入餃子餡內，就能作成一道餡料飽滿的餃子。拌入漢堡或肉丸也OK！

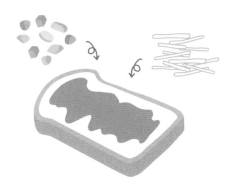

★用於馬鈴薯沙拉

可以直接使用，也可放入微波爐稍微加熱，再與馬鈴薯泥、美乃滋一起拌勻。色彩繽紛的馬鈴薯沙拉就大功告成囉！

★用於披薩吐司

先幫土司抹上比薩醬汁，灑上「碎屑」食材，再淋上乳酪進行烘烤即可。想要作一道簡便早餐或午後點心時，相當方便。

★用於蛋皮

製作蛋皮時加入其中，蛋皮更豐富多彩。裝入便當裡也顯得格外好看。

★用於湯品

只要以雞湯塊兌上分量內的熱水溶解，再放入蔬菜碎屑，就成了一道法式清湯。以市售的杯湯兌上熱水溶解，再加入打散的碎屑也OK！

★用於優格或冰淇淋

把水果「碎屑」加入優格或冰淇淋中，當成配料使用吧！作果凍時夾雜其間，看起來也相當悅目。

從日本柚子＆檸檬中挖出の果肉……

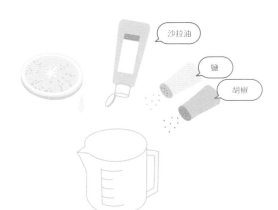

★用於沙拉醬

擠出果汁，加入沙拉油、鹽、醬油調味，瞬間變成一款香濃沙拉醬。日本柚子摻入醬油、糖等調味之後，則成為一款日式沙拉醬。

★日本柚子の保存法

將挖出的果肉榨汁去籽後，放入製冰盒內結凍。結凍之後取出，放入夾鍊袋等加以保存。製作沙拉醬或涼拌等料裡時，取出必要分量加以解凍即能使用，相當方便。剪下的果皮，則可以磨碎或切碎再行冷凍，作煮物或天婦羅時，即可作為裝飾之用。

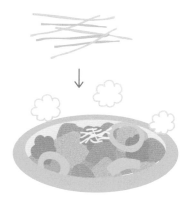

★用於果凍

榨出果汁之後，加入熱水、溶解的寒天粉、糖一起拌勻，果凍即大功告成！寒天粉在常溫下比吉利丁更耐溶，適用於聚會等場合。

★檸檬
直接冷凍也OK！

把剩下的檸檬切成薄片，直接以保鮮膜牢牢包妥，就可放入冰箱冷凍保存。取出後自然解凍，就能使用於裝飾刀工。

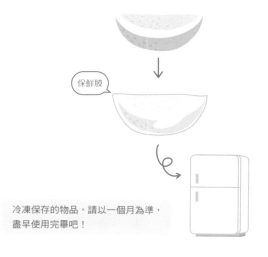

冷凍保存的物品，請以一個月為準，盡早使用完畢吧！

以廚房剪刀
進行裝飾刀工の
預先注意事項

以廚房剪刀或削皮器進行裝飾刀工雖然很簡便，
但有幾件事務必謹記。

★ 使用於便當時……

過一段時間才會食用的便當，衛生管理相當重要。尤其未註明需「燙煮」者，如魚板或竹輪等品項，也請預先加熱處理較為妥當。此外，進行剝皮、打開、裝飾眼睛等作業，都需仰賴雙手，因此調理之前的手部消毒及過程力求迅速等，都是非常重要的！

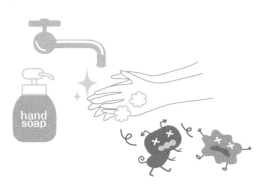

★ 務必清洗乾淨

廚房剪刀使用起來比菜刀方便，但衛生管理與菜刀是相同的。裁剪時按照蔬菜→肉・海鮮的順序作業，要換切其他食材時，請以先抹布或廚房紙巾確實擦淨，或以清潔劑清洗後再使用吧！

★ 鋒利の刀尖比較安全！

鋒利的刀刃雖讓人有些害怕，但若以鈍掉的器具作業，會花費更多力氣，反而危險，且刀刃的斷面，也容易藏汙納垢。如果廚房剪刀變鈍，可嘗試以剪鋁箔紙的方法解決，或直接選購均一價商店的商品替換即可！

★ 清洗工作不可輕忽

器具用畢之後，以廚房洗潔劑清洗乾淨吧！卡榫＆把手也要確實清潔。最近市面上也有可拆解、可機器清洗的商品可供選擇。

素 材 分 類 索引

蔬 菜

主　餐

自然食趣 21

簡單&有趣の食物造型120
完成度100％！讓食物看起來更好吃！

作　　　　者／浜千春
譯　　　　者／張鐸
發　行　人／詹慶和
總　編　輯／蔡麗玲
執　行　編　輯／陳姿伶
編　　　　輯／蔡毓玲‧劉蕙寧‧黃璟安‧白宜平‧李佳穎
執　行　美　術／周盈汝
美　術　編　輯／陳麗娜‧翟秀美‧韓欣恬
內　頁　排　版／造極
出　版　者／養沛文化館
郵政劃撥帳號／18225950
戶　　　　名／雅書堂文化事業有限公司
地　　　　址／新北市板橋區板新路 206 號 3 樓
電　　　　話／(02)8952-4078
傳　　　　真／(02)8952-4084
電　子　信　箱／elegant.books@msa.hinet.net

2015 年 12 月初版一刷　定價 280 元

KITCHEN-BASAMI & PEELER DE KAZARIKIRI
Copyright © 2012 by Chiharu Hama
Originally published in Japan in 2012 by PHP Institute, Inc.
Traditional Chinese translation rights arranged with PHP
Institute, Inc.
through CREEK&RIVER CO., LTD.

總經銷／朝日文化事業有限公司
進退貨地址／新北市中和區橋安街 15 巷 1 號 7 樓
電話／（02）2249-7714　　傳真／（02）2249-8715

國家圖書館出版品預行編目 (CIP) 資料

簡單 & 有趣の食物造型 120：完成度 100％！
讓食物看起來更好吃！／浜千春著；張鐸譯 . --
初版 . -- 新北市：養沛文化館，2015.12
　　面；　公分 . -- (自然食趣；21)
ISBN 978-986-5665-27-2(平裝)

1. 烹飪

427.8　　　　　　　　　　　　　　104018889

作者簡歷

浜千春 (hama chiharu）

因有感於孩子多半偏食，促其取得廚師、食育指
導員等資格。除了在部落格介紹各種美觀＆營養
兼具的造型便當食譜，亦作為媒體雜誌等的報導
主題而受到矚目。目前活躍於各種活動＆教室中
擔任造型盒飯的講師，表現相當出色。
『HAPPY DAYS ！』
http://ameblo.jp/chi-mama-333/

Staff

‧攝影／瀧本峰子（studio SHIYO)、浜千春（P.64)
‧原文插圖／ Yohei Honma
‧編輯‧設計／株式會社 Word

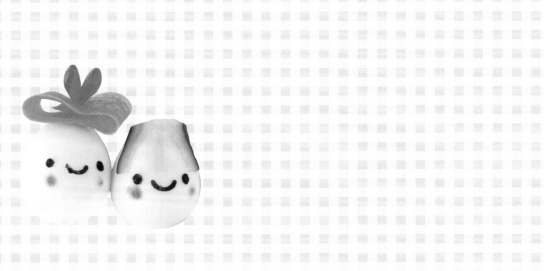

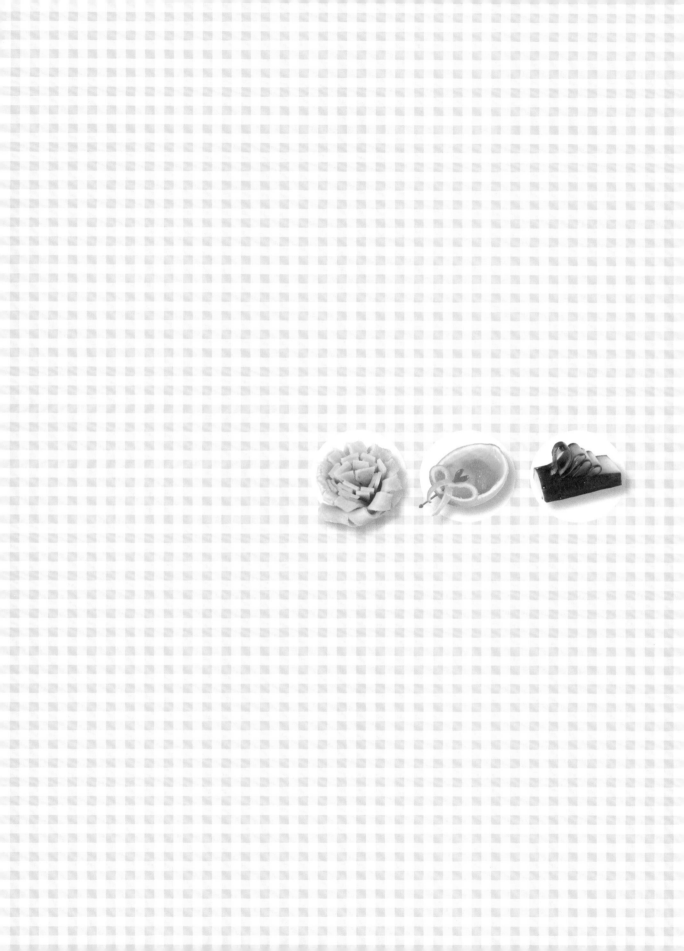